‖\ 见识城邦

更新知识地图　拓展认知边界

企鹅
科普
（第一辑）

量子力学

[英] 吉姆·艾尔-哈利利 著　[英] 杰夫·康明斯　[英] 丹·纽曼 绘　武建勋 译

中信出版集团 | 北京

图书在版编目（CIP）数据

量子力学 / (英) 吉姆·艾尔-哈利利著 ; (英) 杰
夫·康明斯, (英) 丹·纽曼绘 ; 武建勋译. -- 北京 :
中信出版社, 2021.3
（企鹅科普. 第一辑）
书名原文：Ladybird Expert: Quantum Mechanics
ISBN 978-7-5217-2429-5

Ⅰ.①量… Ⅱ.①吉… ②杰… ③丹… ④武… Ⅲ.
①量子力学—青少年读物 Ⅳ.①O413.1-49

中国版本图书馆CIP数据核字(2020)第217353号

Quantum Mechanics by Jim Al-Khalili with illustrations by Jeff Cummins and Dan Newman
First published in Great Britain in the English language by Penguin Books Ltd.
Published under licence from Penguin Books Ltd. Penguin (in English and Chinese) and the Penguin logo
are trademarks of Penguin Books Ltd.
Simplified Chinese translation copyright © 2021 by CITIC Press Corporation
ALL RIGHTS RESERVED

本书仅限中国大陆地区发行销售
封底凡无企鹅防伪标识者均属未经授权之非法版本

量子力学

著　　者：［英］吉姆·艾尔-哈利利
绘　　者：［英］杰夫·康明斯　［英］丹·纽曼
译　　者：武建勋
出版发行：中信出版集团股份有限公司
　　　　　（北京市朝阳区惠新东街甲 4 号富盛大厦 2 座　邮编　100029）
承　印　者：北京尚唐印刷包装有限公司

开　　本：880mm×1230mm　1/32　　印　　张：1.75　　字　　数：14 千字
版　　次：2021 年 3 月第 1 版　　　　印　　次：2021 年 3 月第 1 次印刷
京权图字：01-2020-0071
书　　号：ISBN 978-7-5217-2429-5
定　　价：188.00 元（全 12 册）

版权所有·侵权必究
如有印刷、装订问题，本公司负责调换。
服务热线：400-600-8099
投稿邮箱：author@citicpub.com

量子力学理论有两个强有力的事实支撑，同时也有一个反例。首先，该理论与迄今为止的所有实验结果都达成了惊人的一致，这点对它有利。其次，对我来说几乎同样重要的是，量子理论有一种谜之深邃的数学美感。唯一的反对意见是：该理论完全没有意义！

——罗杰·彭罗斯

那些第一次接触量子理论时没有感到震惊的人永远不可能理解它。

——尼尔斯·玻尔

部分物理学和整个化学理论体系中的必需基本物理定律已经完全为人所知，但目前的困难之处在于，对这些定律的精确应用得出的方程式过于复杂，难以求解。

——保罗·狄拉克

我可以肯定地说，没有人能真正理解量子力学。

——理查德·费曼

量子力学确实令人惊艳，但内心有个声音告诉我，它并非真实存在的东西。这个理论说了很多，但并没有让我们更接近旧理论中的秘密。无论如何，我相信上帝不掷骰子。

——阿尔伯特·爱因斯坦

爱因斯坦说的"上帝不掷骰子"是错的。想一想黑洞我们就会发现，上帝不仅掷骰子，有时还会把骰子扔到看不见的地方，让我们陷入极度困惑当中。

——斯蒂芬·霍金

经典物理学

19世纪末的许多物理学家曾经认为，在大自然的运行机制以及物质和辐射的性质方面，已经几乎没有什么东西需要继续探究了。

两个世纪之前，艾萨克·牛顿就以强大的数学语言描绘了后来被称为经典力学或牛顿力学的伟大理论。每个学生都要学习牛顿提出的运动定律和万有引力定律。以上定律可应用于对我们周围所有物体所受力的计算，并可以解释它们的运动方式——从下落的苹果到阿波罗登月火箭的轨道，不一而足。以牛顿的研究工作为主体，加上前人的严谨观察和实验——比如伽利略的研究工作——为迈克尔·法拉第和詹姆斯·克拉克·麦克斯韦这样的19世纪物理学巨头铺平了道路，他们终于有条件来完成经典物理学的最后拼图。

经过三个世纪的发展，这一整套研究成果至今仍在为我们展示着科学家们对宇宙的描述：我们的宇宙由遵循牛顿力学的固体组成，而麦克斯韦对电磁波、磁场和辐射的阐述完美地统一了电、磁和光。

物理学在当时看来已经完备，人们精确描述宇宙中一切事物的宏愿已经达成，现在只需再做些修修补补的边角工作。甚至有位物理学家在1894年宣称："看起来大多数重大基本原理都已牢固确立。"

现代物理学的曙光

可是，在 19 世纪最后十年，物理研究中出现的一些神秘未解之谜预示着科学危机的到来。

例如，那时还没有确切的证据表明物质从根本上是由原子构成的——原子是物质不可再分的基本构件。虽然许多物理学家和化学家已经开始使用原子（最基本的"原子理论"）的概念，但多数是将其作为一种有用的假设，而非实际上了解原子的性质和本质。

还有其他一些无法解释的现象令科学家们十分困惑，比如光电效应，即当光照在金属上时可以释放出电子、黑体辐射（某些非反射物体发光发热的现象）以及不同化学元素形态各异的光谱等。

更使人激动的是物理研究中的三个连续发现：首先是神秘的 X 射线（1895 年由德国物理学家威廉·伦琴发现），接着是同样神秘的放射性现象〔1896 年由法国人亨利·贝可勒尔（Henri Becquerel）发现，他和玛丽·居里、比埃尔·居里夫妇一起获得了 1903 年诺贝尔物理学奖〕，最后是 1897 年英国物理学家汤姆孙（J. J. Thomson）发现的首个基本粒子——电子。

右图 伦琴发现的 X 射线使我们能像透视魔法那样对固体物质进行透视，居里夫人通过放射性研究在历史上赢得了一席之地，成为第一位获得诺贝尔奖的女性。

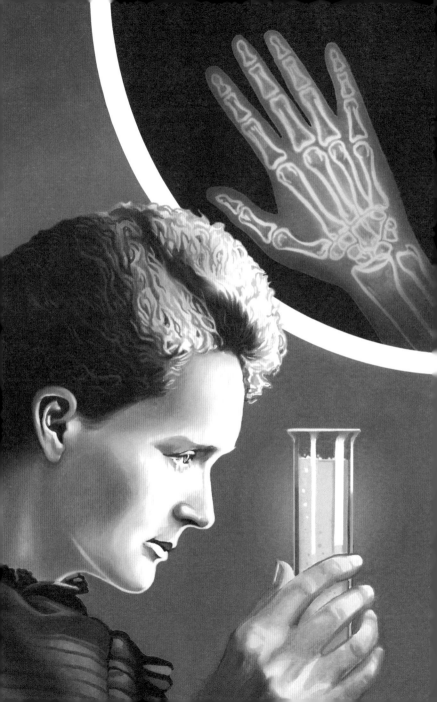

量子理论的诞生

1900 年，德国物理学家马克斯·普朗克（Max Planck）解释了热体发射不同波长电磁辐射（热和光）的原理。他提出，这种辐射的能量与频率成正比：频率越高（或波长越短），能量越高。两个量的比值（能量除以频率）是一个常量，即以他的名字命名的普朗克常量。

普朗克由此得出结论，辐射不仅仅是放出能量那么简单。由于能量与频率相对应存在，所以能量的变化必须是离散的，也就是不连续的。辐射能量的变化就像从水龙头滴下来的一个个水滴，时大时小，互不相连。这是一个革命性的发现，与当时流行的一切自然过程都是连续的观点全然不符。

普朗克常是一个非常小的数值。它可以告诉我们，热辐射的值是有下限的，这个下限就是一单位不可再分割的能量元，普朗克称其为辐射的"量子"。

"量子"概念的出现第一次表明，在研究微观领域时可以使用一些与宏观领域不同的规则。普朗克是一个有点犹豫的革新者，尽管他的新理论前所未有地完整解释了物体辐射热量的原理，但他对这项理论从来都不是很满意。不过其他人却采纳他的想法并继续付诸实践。

量子一词源自拉丁语 quantus，意思是"有多大"。在 20 世纪的头几年，"量子"广泛用于物理学中，用来表示最小的、不可分割的部分。

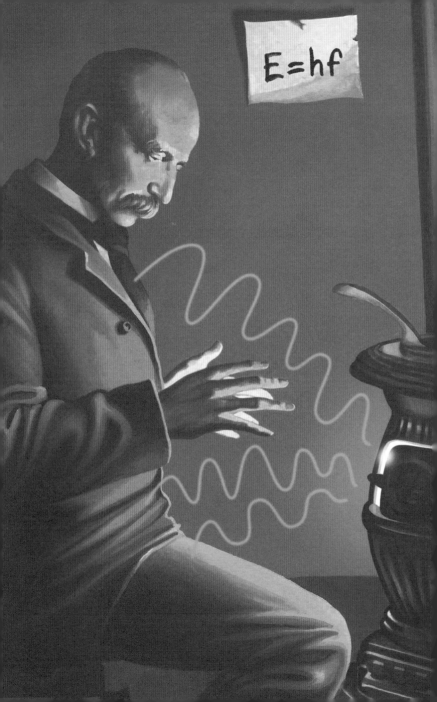

光粒子

　　普朗克公式被提出后的五年里基本上无人问津，直到阿尔伯特·爱因斯坦用它来解释光电效应才引起人们的注意力——是的，爱因斯坦获得诺贝尔奖是因为光电效应，而非更著名的相对论。

　　光电效应中，照射在带电金属板上的光可以将自由电子从其表面撞出。可能有人会认为被释放的电子的能量取决于光照的亮度或强度，但事实并非如此。人们发现释放出的电子的能量实际上与光的频率有关。这真是一个出人意料的结果。因为光一般被认为是一种波，增加波的强度（振幅）会增加其能量。想想海浪拍打着海岸，海浪的冲击力取决于浪高，浪越大，能量越大，而与海浪的速度无关。在光电效应中，高强度的光照并没有使释放的电子具有更高的能量，而是导致更多的电子被撞离。爱因斯坦成功地解释了上述现象。他提出所有的电磁辐射（从高能伽马射线、X射线，到可见光、无线电波）最终都是由微小的能量量子组成的——我们现在称之为光子，这就是光的粒子性。光电效应中，电子会被光子撞击而得到释放，而光子的能量则取决于自身的频率。由于有大量的光子同时参与其中，我们通常观察不到光的粒子性的一面，正如我们无法用肉眼分辨出照片上的单个像素。

不管多亮，红光都不
会释放电子。

不管多暗，绿光都能
使电子自由运动。

不论多暗，蓝光都比绿光释
放的电子的能量更高。

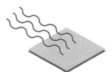

原子内部探究

1909 年，欧内斯特·卢瑟福（Ernest Rutherford）与欧内斯特·马斯登（Ernest Marsden）、汉斯·盖革（Hans Geiger）一起在曼彻斯特进行了著名的原子结构实验。

他们发现，当一束阿尔法粒子（以阿尔法射线形式发射出的微小原子核碎片）射向薄金箔时，大多数粒子都能轻易通过金箔，这表明原子结构中的大部分区域是空的。不过，也有少数粒子反弹回来。卢瑟福惊呼道："这就好像我向一张纸发射了一枚连钢铁都能打穿的炮弹，结果炮弹反弹回来打到了我自己身上。"

只有一个解释说得通：原子的几乎全部质量和正电荷都集中在原子中心一个很小的区域，即"原子核"中，其大小只是原子大小的十万分之一。也就是说，如果一个原子是一个足球场，那么原子核就只有球场中心一颗豌豆那么大。

但还有一个问题：如果所有正电荷都集中在这个小小的原子核里，而带负电荷的电子像行星一样绕着它们旋转，那么为什么这些被正电荷吸引的电子没有进入原子核中与正电荷中和呢？这些带电粒子与稳定围绕太阳运行的地球不同，在被迫做圆周运动时，它们还会释放出辐射，渐渐失去能量。假若它们遵循牛顿力学，那此时应该会迅速沿螺旋形轨迹接近原子核。但实际上这一切却没有发生——原子一直是稳定的，否则这个世界早就不存在了。

右图 卢瑟福通过显微镜观察荧光屏发现，阿尔法粒子通过金箔发生偏转时，屏幕上出现了微小的光斑。

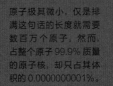

原子极其微小，仅是排满这句话的长度就需要数百万个原子。然而，占整个原子99.9%质量的原子核，却只占其体积的0.0000000001%。

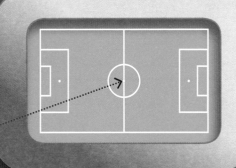

阿尔法粒子

金原子

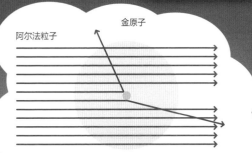

当时流行的理论认为，原子中的弱电场几乎不会对阿尔法粒子造成影响。但卢瑟福意识到散射意味着原子有一个微小的带电中心。

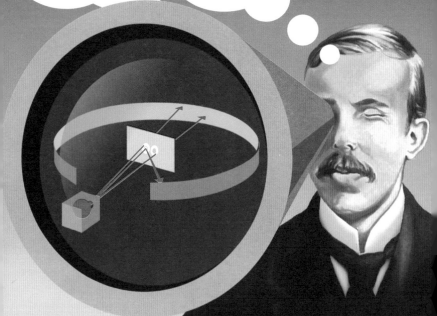

量子化的原子

丹麦的一位物理学家即将解决卢瑟福关于原子结构的行星模型的问题。他与爱因斯坦齐名，被誉为 20 世纪最伟大的思想家之一，他就是尼尔斯·玻尔，也是公认的量子力学之父。

玻尔假设原子中的电子只有根据一定的"量子"规则才能获得或失去能量。原子中的每条电子轨道都对应着特定的能量，因此电子并非自由地沿着任意轨道运动。相反，它们就像行驶在圆形轨道上的火车一样，只能在固定轨道上运动。后来的研究表明，每个轨道只能容纳一定数量的电子，不能多，也不能少。因此，电子只有在失去电磁能量的量子（光子）的情况下，才会跃迁到能级较低的轨道上，而这个量子的能量就等于两个轨道之间的能量差。同理，只有当电子获得光子，且其能量精确地等于向高能级跃迁所需能量时，它才会跳跃至能级较高的外层轨道。量子跃迁中只会发生数额精准的能量交换，绝无意外。

然而，科学研究很快就发现原子的卢瑟福-玻尔模型并不是最终定论。玻尔对量子化电子轨道的研究仅完成了量子革命的第一阶段。如今我们称之为"旧量子理论"。

右图 目前，学校里仍在教授带有电子同心圆轨道（壳层）的原子模型。每个电子的数目是固定的。图中是四种不同元素的原子：最轻的氢以及三种稀有气体元素。

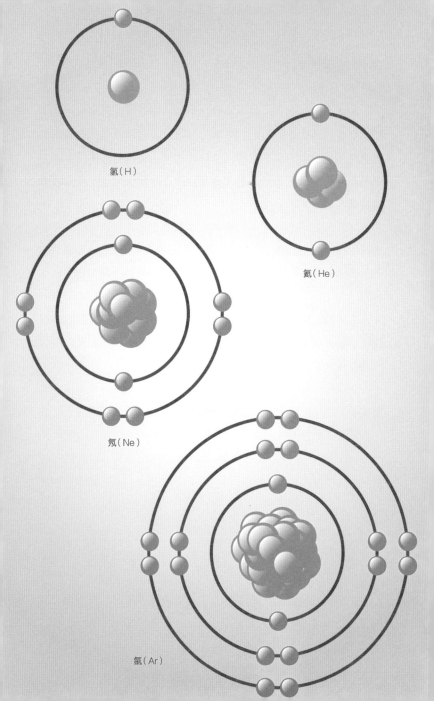

氢（H）

氦（He）

氖（Ne）

氩（Ar）

玻尔创建的哥本哈根帝国

1916 年，尼尔斯·玻尔从曼彻斯特回到丹麦。之前他在曼彻斯特帮助卢瑟福研究原子的稳定性。尽管原子结构中的固定或量子化轨道不能用牛顿力学解释，但除此之外，人们仍然相信牛顿力学足以胜任对微观世界其余部分的描述，并且认为电子是沿着明确轨道运动的小球。

1921 年，玻尔在哥本哈根成立了新的理论物理研究所，并着手召集欧洲最杰出的青年才俊。其中最著名的是维尔纳·海森伯和沃尔夫冈·泡利。这些物理学家的研究成果很快将会颠覆整个科学世界。

为了与经典力学有所区分，量子力学的数学理论要做的事不仅仅是量化电子轨道。很明显，原子不是微型太阳系，电子轨道也不是行星轨道，而是一团模糊的"电子云"。

该理论完成于 20 世纪 20 年代中期。它描述的是一个许多人无法接受的陌生世界。近一个世纪以来，玻尔和其他人共同发展起来的描述量子世界的哥本哈根学派塑造了许多科学和哲学的新领域。

1965 年 10 月 7 日是玻尔 80 周年诞辰的纪念日，他的研究所也正式更名为尼尔斯·玻尔研究所。该研究所最初是由嘉士伯啤酒厂的慈善基金会资助的，在某种意义上，它也因此成为世界上最好的量子研究所。

干杯！

NIELS BOHR INSTITUTET
1920

波粒二象性

1924 年，一位名叫路易·德·布罗意的年轻法国贵族提出了一个大胆的假设：如果光波也能表现为粒子流，那么运动的物质粒子是不是也能像波一样在空间中散开呢？他提出，每一个实物都可能与依赖其质量的"物质波"有关；粒子质量越大，其波长越短。

1927 年，实验证实了电子的类波性。当时的实验表明，电子会发生干涉效应，跟光波、声波或水波一样。不可思议的是，这个想法又从著名的双缝实验中得到了印证。在双缝实验中，实验者首先设置一块能阻挡电子运动的屏障，在这个屏障上有两条平行的缝隙；屏障后面有一块感应屏，可以感应出电子通过缝隙之后的最终位置；最后，向有两个狭缝的屏障上每次发射一个物质粒子，如电子。如果电子遵循常识，那么每个成功通过的电子必是通过两个狭缝之一后，落在后面的感应屏上，形成两道与狭缝一致的线段。但实际情况是，感应屏上形成的图案就像是海浪冲击过的沙滩，是典型的波运动后产生的结果。由于实验条件保证了每次只向屏障发射一个电子，所以可以肯定感应屏上的图案是由电子降落的单个点构成的。也就是说，每一个电子在经过双缝时，即使它以粒子的形式到达后屏，也都必然表现出波的特征。如果你觉得这很令人困惑，那么恭喜你，你看到问题所在了：这简直是疯了！

右图 就像粒子可以同时通过两个狭缝一样，量子滑雪者可以同时从树的两侧绕开，这看起来是不可能的，但在量子世界里，这就是现实。

双缝

单个电子

根据感应屏显示的粒子的痕迹。这个模型表明，每个粒子都像一个波一样同时通过两个狭缝。从每个狭缝中发出的波相互重叠，相互干扰。粒子更有可能到达屏幕上两个波峰重合的地方，而且绝不会出现在两个波峰互相抵消的地方。

薛定谔和波动方程

在玻尔和海森伯发展他们的关于原子的数学图像的同时，一位名叫埃尔温·薛定谔的奥地利物理学家提出了一种不同的思路。他认为整个亚原子世界是由波组成的。这一理论被称为波动力学，而以他的名字命名的著名方程则描述了这种"量子"波随时间产生的变化。

每一个物理和化学专业的学生都会学习薛定谔方程。在这儿解释它会花很长时间，你只需要知道它提出了一个数学量叫作波函数。波函数本质上是一组数字，通过一个方程式描述不管是如电子这样单个粒子的状态，还是相互作用的整个粒子系统。我们可以通过波函数得到所有我们可能知道的关于方程式所描述的东西的信息。我们可以把薛定谔方程看作量子世界里的经典运动方程。它们都包含距离、速度和加速度，但两者有一个关键区别。如果知道某物——比如说一个下落的苹果——所处的位置，以及它在任何时刻的运动速度，那么我们就可以精确地计算出它什么时候会砸到牛顿的头上。但是，如果知道一个电子的状态和位置，并且跟踪它随时间变化的波函数，我们却只能计算出电子未来出现在某处的概率。我们无法得出精确结果，而且在量子的世界里，我们必须放弃确定性。

右图 电子轨道实际上更像是描述电子"最有可能在哪里"的概率云。这与教科书中描述的微型太阳系的图景——电子围绕原子核沿圆形轨道运行——相去甚远。

海森伯和不确定性原理

维尔纳·海森伯对量子力学的影响极其深远。1925年，他用一种新颖奇特的数学方法描述了原子。与薛定谔的波动力学相反，他的矩阵力学要抽象得多。他还提出量子粒子的性质不是真实的波，而是抽象的数学实体。只有在我们观察它的时候，它才会变得有形和实在。

另一方面，薛定谔更倾向于将量子世界定义为"物理上为真的"，也就是说，即使他的波函数只能给出一个概率，但电子是"物理上为真的"离散，即使我们并没确切地观察到。海森伯痛恨的正是这一点，他提出科学必须放弃可以精确描绘原子的构想。

今天，我们已经学会了用两种互补的方式来看待量子世界：海森伯的抽象数学方法和薛定谔的波动力学。其他量子力学先驱的研究也在不断证明这两种看似不相容的方法实际上是等价的。

1927年，海森伯提出了他著名的不确定性原理。该原理指出，我们可以知道电子的位置，也可以知道它的速度，但不能同时知道两者。这并不仅仅是由于实验人员在测量电子位置时向电子施加了不可避免的推力，而且，它更是我们对量子世界所能做出的预测的极限。

解释化学

19世纪60年代末，德米特里·门捷列夫提出了元素周期表。元素周期表中，元素按照相似的物理和化学性质分成若干族。但直到1925年，奥地利天才沃尔夫冈·泡利才弄清楚元素的化学性质其实取决于元素的电子是如何占据其原子的量子轨道或壳层的。每个电子都有一组数字来定义它的"量子态"。同时泡利还指出，同一个原子中的两个电子不可能处于相同的量子态。

这就解释了为什么电子不会全部掉落在能量最低的轨道上。它们会填满连续的"壳层"，每个壳层中的电子数目都由玻尔首创的量子规则控制。一旦一个壳层被填满，多余的电子必须占据下一个壳层。然后，最外层的电子结构会决定原子如何结合在一起，形成各种各样的化合物。这也解释了它们的物理性质，比如导热或导电的能力。

广义上说，像电子这样的物质粒子，连同遵循泡利不相容原理——所谓排斥原理——的原子核、质子和中子等被统称为费米子。反之，不遵循这一原理的纯能量粒子，如光子等，则称为玻色子。泡利解释说，这种差异是基于它们"旋转"的方式——不是像转篮球那样旋转，而是一种非常奇怪的量子方式，例如，电子甚至会同时向两个方向旋转！

阳光多么灿烂

一个有趣但非常重要的量子概念叫作隧穿效应。它解释了宇宙中一些最基本的机制。

隧穿效应指的是一个量子粒子，如电子、质子或阿尔法粒子，可以从能量势垒一边跳到另一边。这听起来不合情理，想把球滚到山上，你得给球施加足够的力（能量）。但在量子世界中，球可能从山这一边消失，瞬间又出现在另一边。

为了直观地理解这一点，我们必须把电子想象成模糊的电子云，而不是一个微小的定域子。它在任何给定的时间穿透势垒，在另一边"物化"的概率永远不是零。

隧穿效应在维持太阳乃至地球上所有生命方面发挥着至关重要的作用。太阳发光的过程是热核聚变，两个质子（氢原子核）融合在一起形成氦，并在这个过程中释放出大量能量。一般认为质子的正电荷使得它们会相互排斥，不能聚在一起，就像磁铁两个阳极那样。但由于波动性和量子隧穿效应，它们有时会绕过排斥力场离得足够近，从而发生聚变。

右图 我们的太阳的温度只能使氢聚变形成氦和其他一些轻元素。当更大质量的恒星在超新星爆炸时，会产生更重的元素，如铅和金。

就像一个球瞬间以隧穿效应通过一座山而非沿着山脊滚上滚下一样，量子粒子有时候就像是变魔术一样在能量势垒另一边忽然出现。

狄拉克和反物质

在最近一次民意调查中，英国人保罗·狄拉克（Paul Dirac）被选为有史以来第五伟大的物理学家，仅次于牛顿、爱因斯坦、麦克斯韦和伽利略。

狄拉克是个腼腆的人，他通常更关心数学上的美感，而不是实验结果。他曾经说过：

> 我认为这是我的个人特点——我喜欢研究方程式，只是为了在其中寻找美妙的数学关系，也许其中并没有任何物理意义，不过有时候也会有。

他指出海森伯和薛定谔描述量子世界的两种不同方式是等价的，进而开始着手改进量子力学，研究以接近光速运动的粒子的特性。为此，他亦不得不发明了一个现在以他的名字命名的新方程式。

著名的狄拉克方程预言了反物质的存在。今天，我们知道每一个物质粒子都有其反物质对应物，但是如果一个粒子和它的反粒子接触，它们会在纯能量的爆发中湮灭。不过反物质炸弹只存在于科幻小说，大可不必杞人忧天。物质-反物质湮灭的过程也可以逆向发生，在这个过程中，能量量子——如光子——可以转化为一对粒子，如电子和它的反物质对应物——正电子。

右图 反物质存在的证据：狄拉克胸口的螺旋线显示的是电子-正电子对在磁场作用下被创造并进而向相反方向弯曲的轨迹。

诸神之战

尼尔斯·玻尔和哥本哈根学派所拥护的新量子力学所描述的现实本质太过诡异，有悖于通常的认知，以至于许多物理学家——包括爱因斯坦——都对它表示不满。1927年，在布鲁塞尔召开的索尔韦会议上，这种不满达到了顶峰。

那个星期爱因斯坦一连好几天都在以思想实验的形式与玻尔辩论。爱因斯坦指出当前量子力学并不完备，避免诡异之处的唯一方法就是放弃当前的研究道路。每天玻尔离开会场后都会反复思考爱因斯坦的话，次日早上再回来反驳。最后，玻尔甚至用爱因斯坦对科学的最大贡献广义相对论来驳斥爱因斯坦。在玻尔的证明下，广义相对论与海森伯不确定性原理的预测是一致的。

历史书上往往记载，索尔韦会议实质上标志着量子力学数学基础的完成。量子力学的支持者们重申了爱因斯坦坚持的"上帝不掷骰子"——量子世界的不可预测性和模糊性——很可能要落空。科学家们必须接受在最小尺度上存在的奇异性。

然而，直到今天，关于此次会议意义的争论还在持续。

盒子里的猫

1935 年，埃尔温·薛定谔提出了科学上最著名的思想实验之一，更是凸显了量子力学的奇异之处。

他说如果把一只猫关在一个装有放射性物质的盒子里，盒子里放着致命的毒药，放射性物质如果衰变并释放出粒子，毒药就会瞬间弥漫整个盒子，那么这只猫是死是活呢？

量子力学告诉我们，我们无法知道放射性原子衰变的确切时刻。因此当盒子密闭时，我们只能依靠概率对结果进行判断，以此决定猫是否还活着。我们必须把粒子描述为同时处于释放和不释放状态，即它存在于量子"叠加"态中。

既然猫的生死依赖于一个量子事件，它也必然同时是死的和活的。只有打开盒子看的瞬间才会"强迫"猫"选择"死或生。

这有点像事先不知道别人送你什么生日礼物，打开盒子才知道。两者真的有什么不同吗？这难道真的只是一场形而上学的辩论吗？

解决这一问题有个巧妙的方法，即假设这样的量子叠加只存在于原子尺度，并在一个被称为"退相干"的效应中"泄漏"出去，退相干效应发生于微小的、孤立的量子系统被迫与其周围环境接触时。所以一旦接触到像猫这样由数万亿个原子组成的宏观大型物体，这种叠加态就不复存在了，猫以及和猫一样的其他宏观事物永远不可能处于量子叠加状态。

深入挖掘

到了 20 世纪 30 年代中期，已知的基本粒子屈指可数，构成原子核的质子和中子正是其中之二。但是更加强大的加速器（今天最著名的是日内瓦附近欧洲核子研究中心的大型强子对撞机）即将诞生，可以以更高的能量将这些粒子粉碎，在这个过程中也产生了新的粒子。

很快科学家就发现了形形色色的新粒子。这么多粒子的发现需要一个新的分类方案。为了不产生混乱，默里·盖尔曼（Murray Gell-Mann）和乔治·茨威格（George Zweig）提出，质子和中子根本不是最基本的粒子，物质是由名为"夸克"的更小组分构成的。他们的假设于 1967 年至 1973 年在加州斯坦福线性加速器的一系列实验中得到了证实。

夸克的种类被称为"味"，今天，我们知道夸克有六种"味"，分别为：上、下、奇、粲、底和顶。质子和中子是由上夸克和下夸克组成的。除了夸克，还有另一类粒子被称为轻子，其中包括电子、μ 子（渺子）、τ 子（陶子，重轻子），以及三种中微子。

粒子物理的标准模型就像是基本粒子的化学元素周期表，除了以上提到的，它还包括载力粒子：光子、胶子和希格斯粒子——统称为玻色子。

右图 欧洲核子研究中心的大型强子对撞机正在寻找一种被称为超对称粒子的全新粒子家族。这种粒子可能存在，也可能不存在，但它将有助于解开物理学中的许多谜团。

标准模型可以解释宇宙的大部分组成部分，但不能解释所有。例如，它不能解释重力的构成。显然还有更多的东西有待我们继续探索。

夸克

| u 上 | c 粲 | t 顶 | g 胶子 | H 希格斯玻色子 |
| d 下 | s 奇 | b 底 | γ 光子 | |

轻子

| e 电子 | μ μ子 | τ τ子 | Z Z玻色子 | |
| ν_e 电中微子 | ν_μ μ中微子 | ν_τ τ中微子 | W W玻色子 | |

介子规范玻色子

幽灵作用力

量子世界最令人费解的是量子纠缠的概念——它太过荒诞离奇，连爱因斯坦都拒绝承认它的存在，并称之为"幽灵作用力"。量子纠缠指两个分离的粒子保持"连接"的一种效应。任何发生在其中一个粒子上的事件都会立即影响到另一个。这被称为非局部连接，绝无可能在讨论日常事物的牛顿力学中出现，因为经典力学不承认超过光速的通信速度存在。

但在量子世界中，非定域性和纠缠非常常见。从数学上讲，这只是粒子有时表现得像波这一概念的延伸。如果两个粒子彼此紧密接触，它们就会相互关联，表现为一个整体，即便它们随后分别被移动到宇宙两端也如此。更令人难以置信的是，如果其中一个粒子同时处于两种状态的量子叠加态，那么第二个粒子也将被迫处于叠加态。因此，测量一个粒子，瞬间就会摧毁它远程伙伴的叠加状态，不论它们之间的距离有多远。

不过，我要提醒你一句：请不要认为可以用量子纠缠来解释诸如心灵感应之类的非科学概念。像其他量子现象一样，它只作用在亚原子领域。然而，我们稍后也会看到，量子纠缠在现实中可以有一些巧妙的应用。

量子场论

20 世纪 40 年代末，包括伟大的理查德·费曼（Richard Feynman）在内的三位物理学家提出了名为量子电动力学（QED）的有力理论。它是对量子力学的概括，同时还提供了描述物质与光相互作用的新方法，即所有物质是如何通过电磁力结合在一起的。

QED 属于量子场论的范畴。量子场论的诞生可以追溯到 20 世纪 20 年代末保罗·狄拉克的一篇开创性的论文，他在论文中将量子力学与麦克斯韦的电磁学理论结合了起来。

然而整个 20 世纪 30 年代和 40 年代，量子场论一直被一个棘手的数学问题困扰：计算结果本该是有限的，但总是得出无限的答案。其原因在于，看起来"空"的空间永远不是真正的"空"，而是粒子和反粒子的"泡沫"反复出现和消失。这意味着即使是像两个电子之间的电磁力这样简单的东西，也必须写成无穷级数才能描述它们之间越来越复杂的作用力。

QED 解决的就是无限大的问题，它是当今物理学中最精确的理论。费曼提出的方法尤其引人注目，借助他的看家法宝、被称为"费曼图"的图像演示，他成功跻身有史以来最伟大的科学传播者行列。

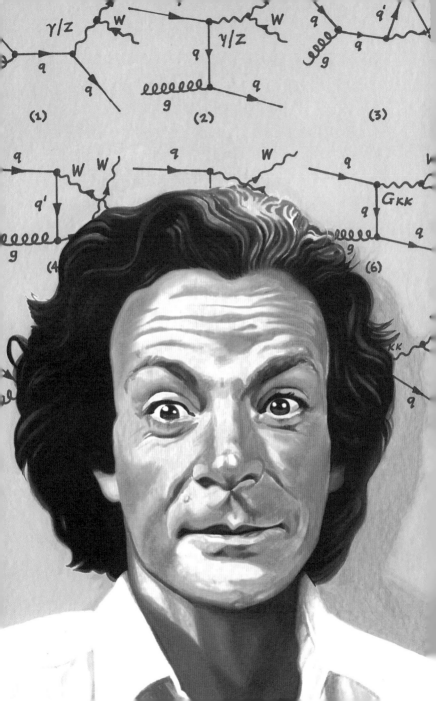

管用！应用量子力学

量子力学是现代物理和现代化学的核心，而且还以很难被注意到的方式在我们的日常生活中扮演着重要角色。量子力学中的定律解释了电子在原子中如何排列，原子如何结合在一起形成分子，进而形成我们周围所见所有事物的各种性质。例如，如果没有量子隧穿效应，我们就无法解释电流如何在半导体中传导，也就不会发明硅芯片，更不会有计算机或互联网。认识电子发出光子的方式促成了激光的发明，并应用于各种医疗和工业设施，以及我们日常的休闲和娱乐活动中——你的 DVD 播放机就是通过激光读取数据的。

微芯片无处不在，其背后技术的发展要感谢量子力学。电子电路中的另一种重要设备隧道二极管——多用于微处理器中的快速交换机——更是量子力学的直接成果。量子隧穿效应还有助于我们对核能的利用。量子力学中的自旋概念促进了电子显微镜和磁共振成像扫描仪的发展。甚至连你家的烟雾探测器的核心技术也出自亚原子粒子的量子隧穿效应。

还有迷路时用来导航的智能手机，若不是有在量子力学上的研究，它就只是由玻璃、金属、橡胶和塑料组成的垃圾。

量子 2.0

人们把应用"量子技术"的设备投入使用称为第二次量子革命（或量子 2.0）的标志，从而区别于以激光、微芯片和磁共振成像扫描仪为标志的第一次量子革命。量子技术的应用设备包括可以通过量子叠加、隧穿效应或量子纠缠来控制处于固、液、气等离子状态以外的奇特物态的物质的设备。

令人兴奋的是，量子信息论、量子电子学、量子光学和纳米技术等领域的进步，正在帮助人们开发高精度传感器、原子钟、量子处理器和使用量子密码加密的安全通信工具等设备。比如说，量子密码依赖于量子密钥分布技术来保证通信安全，因为用于加密和解密消息数据的密钥依赖于量子纠缠粒子对。为了获得密钥，黑客必须拦截和解析量子纠缠粒子对中的一个纠缠粒子，但这样做将不可避免地破坏量子对之间微妙的量子状态，从而触发警报。

目前，我们使用的加密系统是"非量子"公钥密码系统。这种系统实际上仍然是不可能破解的，所以我们才可以安全地在线提交信用卡信息。然而一旦发明量子计算机，公钥密码系统就会受到威胁，我们就必须转而采用量子加密技术。

如何制造量子计算机

量子计算机直接利用量子力学进行数据运算，这与我们今天使用的"古老的"二进制计算机不一样。

量子计算机是基于"量子位"的概念构建的。经典计算机中，基本组成部分是比特，不是开就是关（0 或 1），但是量子位可以同时存在两种状态：0 和 1 的量子叠加。我们将多个量子位元纠缠在一起就可以实现并行处理的最终目的，即同时进行所有计算。也就是说，量子计算机执行某些任务的速度将比最强大的经典计算机还要快许多倍，因此人们期望在未来量子计算机能为社会带来更多便利。

目前有几种制造实用量子计算机的方案，核心原理都是对原子纠缠叠加的控制，但最终也都面临着同样的难题：如何在量子任务完成之前，防止这些微妙的叠加态像"薛定谔的猫"一样泄漏出去？

最近该领域已经取得了重大进展，但是否已有人制造出真正的量子计算机还存在争议。2013 年，包括美国国家航空航天局和谷歌在内的组织开始研究量子计算机在人工智能等领域的应用。很多人预计，这种听起来只存在于科幻小说的技术将会很快彻底改变世界。

没有人知道量子计算机将会是什么样子，也没有人知道它运作方式如何。但我们正在努力……

量子生物学——一门新科学

尽管物理学家和化学家已经花了近一个世纪的时间来研究微观世界的原子、分子及其合成物的性质，但总的来说，量子力学的影响还没触及生物学领域……直到最近，情况发生了改变。

科学界在过去的十年里见证了量子生物学这一新领域的出现。严谨的实验表明，量子世界的许多奇怪特性，比如隧穿效应、叠加和纠缠等，似乎也在生物活细胞中扮演着重要角色。

例如在光合作用中，阳光通过植物和一些细菌细胞传输的方式似乎也依赖于量子叠加，即能量会同时经过所有路径；而酶的功能——那些帮助生命完成其任务的复杂分子——也得到了量子隧穿效应的帮助。甚至就连我们的嗅觉，动物迁徙过程中的导航方式，或者某些 DNA 突变等，都需要引入量子的概念才能解释清楚。

量子生物学仍处于起步阶段，许多科学家对其仍持怀疑态度。物理学家觉得生物学混乱而复杂，而生物学家又认为量子力学过于数学化，与他们的研究主题相去甚远。尽管实验操作困难，理论工作艰深繁复，这仍是一个令人兴奋的新兴领域，具有极大潜力。

来自太阳的光子能激发植物细胞中的电子，接着这些细胞似乎能够同时对多条路径进行探索，最终通过效率最高路径到达它们承载的能量可以发挥作用的地方。

光子

反应中心

量子力学意味着什么？

尼尔斯·玻尔曾说过："如果你对量子力学不感到惊讶，那么你就没有理解它。"

量子理论的数学部分非常强大，准确地描述了微观世界——正是它所描述的世界令人惊讶。量子力学作为一种科学理论的独特性在于，它以多种不同的方式解释现象。

由该理论创始人发展起来的传统哥本哈根学派的观点与其说是一种理论，不如说是一种哲学立场。它指出，我们不去观察的时候，就永远无法"知道"量子世界正在发生什么，我们所能做的就是预测我们看的时候会发现什么。许多物理学家都认为能够预测概率已经足矣，不需要确定到底发生了什么，这些问题都属于形而上学的范畴，最好留给哲学家去解决。

另一种是"多元宇宙理论"。根据你的喜好，可以选择最夸张的理论，也可以接受最简单的理论。"多元宇宙理论"指出，无论何时观察到一个粒子处于叠加状态，我们都不会强迫它"做出决定"，而只是观察到了宇宙的一种选择。但在平行现实中的我们可能会看到另一种选择。

还有许多其他理论，每种理论都各有其优缺点。我们还不知道哪个才是最正确的，因为目前没有实验能够验证。我们甚至可能永远都不会知道答案。

量子引力——万物理论

那么，未来量子力学将何去何从呢？长期以来，物理学家们一直想把四种自然力——重力（引力）、电磁力、强核力和弱核力——统一起来，形成统一的"万物理论"。牛顿率先指出，使苹果下落的力也使地球绕太阳运行。后来，麦克斯韦证明了电和磁力实际上是一回事。时至今日，四种力中的三种已经被纳入量子力学范畴。其中最特别的是爱因斯坦广义相对论中所描述的引力。

人们推崇备至却又难以捉摸的万物理论将量子力学和广义相对论结合在一起，形成量子引力理论。该理论可以描述宇宙中所有物质和所有力。但目前我们仍在探索之中。

斯蒂芬·霍金向这一理论迈出了大胆一步，他提出了一个既需要量子力学又需要广义相对论的观点。他认为黑洞会从其视界外发射量子粒子。可惜目前科学家尚未观测到这种"霍金辐射"。

量子力学令人惊叹、影响深远，已经大大改变了我们对世界的看法。一个多世纪以前，量子理论第一次揭穿了"物理学只需再做些修修补补的边角工作"这一谎言。更令人兴奋的是，前路很长，我们还将继续努力探究。

拓展阅读

Jim Al-Khalili, *Quantum: A Guide for the Perplexed* (Weidenfeld & Nicolson, 2012).

Jim Al-Khalili and Johnjoe McFadden, *Life on the Edge: The Coming of Age of Quantum Biology* (Black Swan, 2015).

Jim Baggott *The Quantum Story: A History in 40 Moments* (Oxford University Press, 2011).

Jon Butterworth, *Smashing Physics* (Headline, 2015).

Sean Carroll, *The Particle at the End of the Universe* (Oneworld Publications, 2013).

Brian Cox and Jeff Forshaw, *The Quantum Universe: Everything that Can Happen Does Happen* (Penguin, 2012).

Richard P. Feynman and A. Zee, *QED: The Strange Theory of Light and Matter* (Princeton University Press, 2006).

John Gribbin, *Computing with Quantum Cats: From Colossus to Qubits* (Bantam Press, 2014).

Steven Holzner, *Quantum Physics for Dummies* (John Wiley & Sons, 2009).

J. P. McEvoy and Oscar Zarate, *Introducing Quantum Theory: A Graphic Guide* (Icon Books, 2003).

Chad Orzel, *How to Teach Quantum Physics to Your Dog* (Oneworld Publications, 2010).

Carlo Rovelli, *Reality Is Not What It Seems: The Journey to Quantum Gravity* (Allen Lane, 2016).

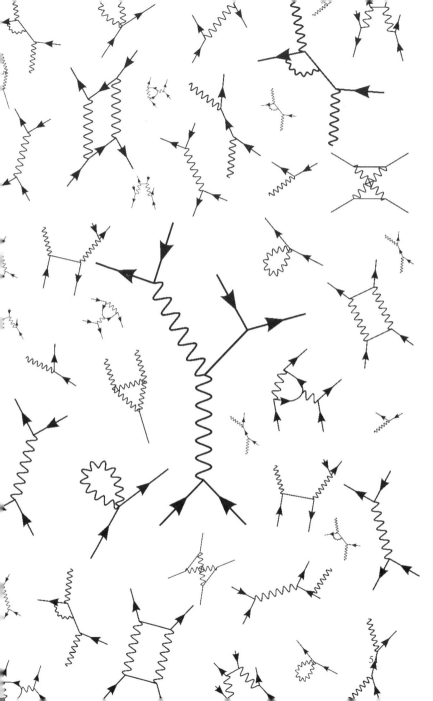

5